150个家居设计配色图典

理想·宅 编著

北京希望电子出版社
Beijing Hope Electronic Press
www.bhp.com.cn

U0349988

内 容 简 介

　　由于不同家居风格的色彩搭配各有特色，所以通过不同的色彩设计可以令家居空间呈现出使人眼前一亮的设计效果。本书精选了五百余张国内外高清实景家居图片，通过拉线标注空间界面色彩设计，以及重点软装配色，搭配辅助文字讲解的方式，诠释了 15 种不同家居风格的色彩设计关键点，帮助读者更直观、全面地了解家居配色技巧。

图书在版编目（CIP）数据

　　150 个家居设计配色图典 / 理想·宅编著 . — 北京：
北京希望电子出版社，2018.7

　　ISBN 978-7-83002-610-3

　　Ⅰ . ① 1… 　Ⅱ . ①理… 　Ⅲ . ①住宅－室内装饰设计－
配色－图集 　Ⅳ . ① TU241-64

中国版本图书馆 CIP 数据核字（2018）第 118508 号

出版：北京希望电子出版社	封面：骁毅文化
地址：北京市海淀区中关村大街 22 号 中科大厦 A 座 10 层	编辑：安　源
邮编：100190	校对：方加青
网址：www.bhp.com.cn	开本：210mm×225mm 1/20
电话：010-62978181（总机）转发行部	印张：8
010-82702675（邮购）	字数：200 千字
传真：010-62543892	印刷：艺堂印刷（天津）有限公司
经销：各地新华书店	版次：2018 年 7 月 1 版 1 次印刷

定价：48.00 元

目录 CONTENTS

现代
风格 ▶

简约
▼ 风格

◀ 英式
乡村风格

新中式风格 ▼

◀ 北欧
风格

工业
风格 ▼

美式
现代风格 ▶

美式
◀ 乡村风格

◀ 东南亚风格

混搭
风格 ▼

◀ 新欧式风格

中式
古典风格 ▶

法式
◀ 乡村风格

欧式
古典风格 ▶

◀ 地中海风格

现代风格

色彩设计大胆　追求鲜明的反差效果　具有浓郁的艺术感

01 无彩色组合

利用无彩色中的黑、白、灰三色组合，基本不加任何其他色彩，凸显冷静效果，适合追求冷酷和个性的家居氛围。此色彩组合，简约风格也常用，主要依靠家具和墙面造型作区分。

· 灰色系棉麻布艺沙发　· 无彩色装饰画

· 白色石膏板吊顶　· 黑色蛋椅

· 黑色组合餐椅　· 爵士灰大理石

02 白色 + 黑色

　　白色和黑色结合，由于少了灰色过渡，相对于无彩色空间，配色印象更加利落、硬朗。在具体设计时，既可以选择白色作为主色，参考比例为 80~90% 白 +10~20% 黑；也可以将黑白两色等比运用。

· 白色乳胶漆墙面 ·　　· 黑色烤漆板饰面墙 ·

· 黑色簇绒地毯 ·　　· 白色石膏板吊顶 ·

· 爵士黑大理石 ·　　· 白色烤漆板整体橱柜 ·　　无彩色马赛克拼花地砖 ·　　· 无彩色马赛克拼花背景墙

03 黑色（主色）+ 其他色彩

利用黑色作为主色，再搭配其他色彩塑造出的现代风格空间，具有神秘、沉稳的氛围。配色比例可以参考 60% 黑 +20% 白 +20% 其他色彩的搭配原则。选择其他的色彩最好为饱和度较高的颜色。

·黑色开放式书柜 ·紫色丝缎抱枕

·黑色装饰墙砖 ·玫红色烤漆橱柜

·黑色暗纹壁纸 彩色几何花纹布艺抱枕·

04 大面积暗浊色调

除了将黑色作为大面积的背景色，现代风格中也常常利用暗浊色调作为空间背景色。此种配色方式既保留了神秘感与视觉冲击力，又不会显得过于压抑。选用色彩搭配时，既可以为同色调，塑造稳定感；也可以运用明度较高的色彩来提亮空间。

· 灰色棉麻布艺睡床　　· 深蓝色乳胶漆墙面

· 灰绿色乳胶漆墙面　　· 拼色几何花纹羊毛地毯

· 灰色擦漆饰面板　　· 灰蓝色丝绒沙发

· 灰色组合式收纳柜　　· 棕灰色棉麻布艺沙发

05 白色 + 灰色

· 白色乳胶漆墙面　　　　　· 土耳其灰大理石电视墙

即白色和灰色两种色彩任意一种作为主色均可。这种配色方式干净、利落，且兼具都市感与现代感，适合年轻单身人群，为了避免单调，设计时可以搭配一些前卫感的造型。

· 灰色文化石墙面　　　· 白色地台

· 灰色乳胶漆墙面　　　　　· 白色烤漆板岛台柜

· 白色乳胶漆墙面　　　· 灰色植绒地毯

06 无彩色 / 木色（主色）+ 银色点缀

·灰色棉麻布艺沙发灯 ·银色金属落地灯

利用无彩色中的白色 + 灰色，或者浅淡的木色作为主色，搭配带有银色框架的家具或者银色灯具，可以塑造出具有科技感的现代家居氛围。在具体设计时，其他点缀色最好为浊色调，避免运用亮色调、明色调和淡色调，以免破坏高冷感的科技氛围。

·木色水曲柳饰面板 ·丝绒金属框架餐椅

·银色金属灯罩灯 ·银河木纹大理石

07 灰色 + 黑色 + 金色

利用无彩色中的黑色和灰色作为主色，再选用金色的灯具、工艺品或者五金件来作为空间中的点缀色，可以塑造出低调中不乏奢华的现代风格。另外，居室中还可以运用解构式家具，使配色的个性感更强。

· 灰色棉麻布艺沙发　　　　　· 黄铜色金属工艺品

· PVC 装饰壁纸　　　　　· 金色装饰镜框

· 金色墙面挂饰　　　　　· 无彩色墙面装饰壁砖

08 点缀对比型 / 互补型配色

强烈的对比色和互补色（如红色 + 绿色，蓝色 + 黄色，蓝色 + 橙色，蓝色 + 红色等），可以创造出特立独行的个人风格，也可以令家居环境尽显时尚与活泼。可以将这些具有冲击力的色彩出现在空间中的主要位置，如墙面、大型家具、布艺之中。

· 对比色丝绒抱枕   · 蓝色丝绒单人椅

· 蓝色丝绒抱枕   黄色现代装饰画 ·

· 红色组合餐椅   · 灰绿色植绒地毯

· 互补色几何花纹壁纸

09 白色 + 多色相对比

利用无彩色中的白色作为背景色，奠定出干净、通透的空间环境，再搭配多种色相作为色彩搭配，可以塑造出活泼、开放的现代风格。在多色点缀中，如果使用纯色，则空间的张力最强。

· 多色组合棉麻布艺抱枕　· 白色簇绒地毯

· 绿色花纹混纺地毯　· 白色乳胶漆墙面

· 拼色花纹混纺地毯　· 白色乳胶漆背景墙

· 彩色条纹装饰壁挂

10 棕色系组合

· 强化复合地板   · 灰色混纺地毯

包括深棕色、浅棕色，以及茶色等，这些色彩可以作为背景色和主角色大量使用，营造出具有厚重感和亲切感的现代家居。其中茶色的运用，可以选择茶镜作为墙面装饰，既符合配色要点，也可以通过材质提升现代氛围。

· 组合材质餐桌   · 木色开放式收纳柜

· 棕色柚木饰面板   黑色皮质单人座椅·

· 木色装饰吊顶   · 几何条纹纯棉床品

· 橡木饰面板

· 黑色擦漆饰面板

· 柚木饰面板

· 拼色几何图案装饰壁砖

· 柚木饰面板

· 创意造型灯具

· 白色乳胶漆吊顶

· 枫木饰面板

11 主角色营造视觉焦点

在现代风格的空间中，如果背景色是无彩色中的白色，为了避免空间配色过于寡淡，可以利用主角色营造视觉焦点。主角色的色调一般来说没有限制，但要避免和白色相近的米黄色、浅黄等，力求和背景色形成色彩上的对比。

· 几何图案混纺地毯　　　· 棕色皮质沙发

· 黑色烤漆创意灯　　　· 黄色亮漆餐桌

· 白色烤漆橱柜　　　· 黄色亮漆吧台椅

简约风格

配色设计体现对细节的把握　同色、不同材质的重叠使用

12 白色（主色）+ 暖色

白色组合红色、橙色、黄色等暖色，简约中不失亮丽、活泼。其中，搭配低纯度暖色，具有温暖、亲切的感觉；搭配高纯度暖色，面积不要过大，否则容易形成现代家居印象，一般高纯度暖色多用在配角色和点缀色上。

· 白色乳胶漆墙面　　　　　· 红色棉麻布艺沙发

· 白色棉麻布艺沙发　　　　　红色造型单人座椅 ·

· 黄绿色系乳胶漆墙面　　　　· 白色烤漆餐桌

· 蓝色棉麻布艺沙发　　· 黑色温莎椅

13 白色（主色）+ 冷色

白色搭配蓝色、蓝紫色等冷色相，可以塑造清新、素雅的简约家居。其中，白色与淡蓝色搭配最为常见，可令家居氛围更显清爽，若搭配深蓝色，则显得理性而稳重。另外，白色也可以换成木色。

· 枫木饰面板　　　　· 蓝色单人座椅

· 枫木饰面板　　· 蓝色棉麻布艺床品

· 蓝色棉麻布艺沙发　　· 灰色剑麻地毯

· 白色乳胶漆墙面　　· 蓝色棉麻布艺沙发

14 白色（主色）＋中性色

·灰色纯棉布艺床品 ·灰绿色乳胶漆墙面

白色作为主色，搭配中性色，简洁中不失个性。在具体搭配时，一般会加入黑色、灰色和木色做调剂，稳定空间配色。其中，紫色与灰色和黑色组合比较有个性，绿色与灰色和黑色组合可以被多数人接受。

·白色乳胶漆墙面 ·紫色花纹混纺地毯

·灰色混纺地毯 ·拼色创意墙面装饰

·绿色擦漆收纳餐柜 ·实木复合地板

15 白色（主色）+ 浅木色

白色最能体现出简约风格中对简洁的诉求，而浅木色既带有自然感，色彩上又不会过于浓烈，和白色搭配，可以体现出雅致、天然的简约家居风格。在白色和浅木色中，也可以加入黑色、深蓝色等深色调来调剂，可以令空间的稳定感加强。

· 白色乳胶漆墙面   · 胡桃木饰面板

· 枫木饰面板   · 几何图案混纺地毯

· 木色单人座椅   · 白色石膏板吊灯

· 白色乳胶漆吊顶　　　　· 枫木整体橱柜　　　　· 橡木饰面推拉门

· 白色烤漆整体橱柜　　　· 实木复合地板　　　　· 木色双开门衣柜　　　　· 白色乳胶漆墙面

16 白色（主色）+ 对比色 / 互补色

　　白色需做背景色，对比色和互补色仅做点缀使用，若大面积使用对比配色和互补配色，就容易成为现代风格的配色。在具体设计时，需掌握对比色和互补色所占比例不宜超过空间配色的 20% 的法则。

· 灰色乳胶漆墙面　　　　　　　· 灰色棉麻布艺沙发

· 宝蓝色丝绒布艺沙发　　　　· 白色砖墙

· 白色乳胶漆墙面　　　　　　· 棕色皮质沙发

· 白色乳胶漆墙面　　　　　　　· 黑色烤漆餐桌

17 白色（主色）+ 多彩色

白色需占据主要位置，如背景色或主角色，多彩色则不宜超过三种，否则容易削弱简约感。在具体设计时，可以通过一种色彩的色相变化来丰富配色层次。另外，白色同样可以组合浅木色作为背景色同时使用。

· 白色乳胶漆墙面　　　· 彩色条纹壁纸

· 灰绿色棉麻布艺沙发　　　· 白色乳胶漆吊顶　　　· 白色乳胶漆吊顶　　　· 彩色几何图案壁纸

18 图案丰富配色层次

由于简约风格的配色大多以白色为主色，若觉得略显单调，可利用图案增加变化，如将黑白两色进行图案组合，或者搭配少量高彩度色彩的花纹布艺，仍是无彩色为主角，但却体现出个性。

·白色乳胶漆墙面　　·几何图案混纺地毯

·黑色马赛克拼花　　·金属造型吊灯

·黄灰色条绒布艺沙发　　·几何图案装饰画

·黑色几何花纹釉面砖

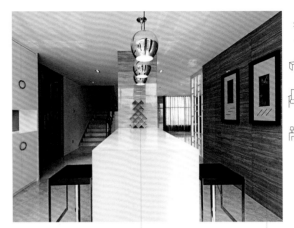

19 避免黑色大面积使用

黑色具有神秘感，但大面积使用容易使人感觉阴郁、冷漠，因此不适合用于小面积的家居空间。在简约风格的设计中，黑色可以做跳色使用，如以单面墙或主要家具来呈现。

· 银色金属吊灯　　　　· 土耳其灰大理石 ·

· 黑色烤漆餐桌　　　　· 白色烤漆装饰柜

· 灰色乳胶漆墙面　　　　· 黑白格纹床巾

· 橘色水龙头　　　　· 白色通体砖

· 米灰色棉麻布艺沙发   · 橘色乳胶漆墙面

20 背景墙用淡雅色调

在简约风格中，背景墙的色彩并非皆为白色和浅木色，也可以利用浅淡色彩作为背景墙的配色，形成大面积的视觉冲击。但这样的配色需要注意几个原则，首先色彩一般选择明色调、淡色调和淡浊色调；另外，与之搭配的主角色最好为灰白、米灰色系。

· 橘色防水乳胶漆墙面   · 灰绿色防水乳胶漆墙面

蓝色乳胶漆墙面 ·   米色棉麻布艺沙发 ·

· 白色乳胶漆墙面   · 水绿色乳胶漆墙面

北欧风格
色彩朴素、干净、柔和　自然材料的本色居多

21 白色（主色）+ 原木色

白色为背景色，原木色作为主角色和配角色，通常会加入灰色作为两种色彩之间的调剂。其中原木色常以木质家具或家具边框的形式呈现，这样的配色可以体现出北欧风格温润、雅致的空间氛围。

· 白色乳胶漆墙面　　　　　　· 白色纯棉布艺床品

· 白色哑光漆饰面板　　　　　· 实木地板

· 灰色乳胶漆墙面　　　　　　· 实木地板

22 无彩色组合 + 原木色

相对于白色 + 木色的北欧风格配色，由于此种配色中加入了黑色点缀，或者有较大面积的灰色搭配，因此配色层次更加丰富，同时空间配色的稳定性更高。其中，黑色主要用于灯具、布艺，以及单品家具之中。

▸ 灰色乳胶漆墙面　　▸ 棕色烤漆装饰柜

▸ 白色乳胶漆墙面　　▸ 棕色烤漆装饰柜

▸ 灰色条纹壁纸　　▸ 原木双人睡床

▸ 白色乳胶漆墙面　　▸ 几何图案混纺地毯

▸ 实木复合地板　　▸ 黑白几何图案挂毯

23 白色（主色）+ 黑色

　　北欧风格中也常见大面积白色，黑色作为点缀的配色方式，可以塑造出利落感极强的空间氛围。若觉得配色单调或对比过强，可加入木质家具调节。这种配色方式和现代风格的配色区别主要体现在家具以及墙面的造型上。

创意造型灯具 ·　　　　　白色乳胶漆墙面 ·

· 黑色烤漆橡木浴室柜

· 黑色棉麻布艺窗帘　　　· 白色造型餐椅

· 白色乳胶漆墙面　　· 黑白装饰画

24 白色 + 灰色

　　白色和灰色中的任意一种色彩均可作背景色、主角色，而用另一种作配角色、点缀色。其中，灰色可具有不同明度的变化，其明度越高，效果越柔和；明度越低，效果越明快。

· 白色乳胶漆墙面　　　　· 灰色棉麻布艺床品

· 白色乳胶漆墙面　　　　· 灰色棉麻布艺沙发

· 白色乳胶漆墙面　　　　· 创意墙面壁纸

· 白色乳胶漆墙面　　　　· 灰色棉麻布艺沙发

· 灰色烤擦漆整体橱柜　　　　· 白色乳胶漆墙面

25 无彩色组合

无彩色中的任何一种色彩均可以作为空间中的背景色，若白色为背景色，显得通透、明亮；灰色为背景色显得高级、素雅；黑色为背景色显得稳定、个性。当选择其中一种色彩为背景色时，另外两种色彩的比例最好不要超过整体配色的 50%。

· 黑色乳胶漆墙面   · 白色通体砖

· 灰色通体砖

· 白色乳胶漆墙面   · 灰色植绒地毯

黑色木栏栅折叠门 ·   灰色几何图案簇绒地毯 ·

26 蓝色为大面积配色

· 白色乳胶漆墙面　　　　· 几何图案混纺地毯

除了白色，蓝色系也是能很好表现出纯净感的色彩。因此，在北欧风格的居室中，蓝色得到了广泛运用，明色调、纯色调、浊色调，包括暗浊色调均可。选择色彩搭配时，可以运用白色，既不影响空间风格的稳定性，又避免了配色过于单调。

· 灰色纯棉布艺床巾　　　　· 灰蓝色乳胶漆墙面

· 深蓝色棉麻布艺床巾　　　　· 灰蓝色乳胶漆墙面

· 蓝色乳胶漆墙面　　　　· 灰色毛线编床巾

27 黄色作为色彩点缀

黄色是北欧风格中可以适当使用的明亮暖色，与白色或灰色搭配最合适，这样的配色虽然面积不大，但可以令空间既不显单调，又增添了一丝明媚。在配色时，黄色可以用在主要家具上，也可以用在布艺、装饰品之中。

· 白色乳胶漆墙面   · 黄色棉麻布艺单人椅

· 黄色棉麻布艺沙发   灰色乳胶漆墙面 ·

· 灰色乳胶漆墙面   · 黄色伊姆斯椅

· 黄色棉麻布艺沙发   · 白色乳胶漆墙面

28 白色 + 蓝色 + 黄色

白色常作为背景色，黄色常作为主角色、配角色，蓝色则任意一种色彩角色均可。配色时，蓝色最好为浊色调，黄色则可以是纯色调，也可以是浊色调。另外，若黄色的纯度较高，则多通过木质材料或布艺表现。

· 蓝色棉麻布艺窗帘　　　　· 黄色伊姆斯椅

· 灰蓝色乳胶漆墙面　　　　· 黄色伊姆斯椅

29 绿色的搭配使用

绿色作为北欧风格的点缀色，常会出现在绿植上；同时也可以作为墙面背景色、软装主角色或点缀色存在，与白色或灰色组合时，能够塑造出具有清新感的氛围。需要注意的是，绿色作为软装色彩出现时，最好用浊色调或微浊色调，与风格特征最符合。

· 千鸟纹布艺单人沙发   · 青绿色棉麻布艺沙发

· 绿色温莎椅   · 白色乳胶漆墙面

· 灰色乳胶漆墙面   · 绿色棉麻布艺沙发

· 绿色乳胶漆墙面   · 实木复合地板

30 红色系使用范围的区分

·白色乳胶漆墙面　　　茉萸粉棉麻布艺抱枕·

在北欧风格中，有时也会出现红色系，但一般不会大面积使用，仅出现在沙发、座椅、布艺织物，以及花艺装饰之中。但是，加入大量浅灰色或白色的红色系，如淡山茉萸粉则可用于背景色，形成文艺中带有时尚的北欧风格配色。

·白色乳胶漆墙面　　　·红色系棉麻布艺沙发

·茉萸粉乳胶漆墙面　　　·金色点缀创意吊灯

·红棕色纯棉抱枕　　　·白色乳胶漆墙面

·红色系伊姆斯椅　　　·灰色烤漆吊灯

31 金色作为点缀

金色作为点缀，常见的有黄铜色、金黄色，以及玫瑰金，常通过金属材质来表现，一般用于家具、灯具、装饰画框和花盆中，不太会大面积使用，可以塑造出带有现代时尚感的北欧风格。

· 黄色系棉麻布艺沙发　　· 金色造型吊灯

· 白色乳胶漆墙面　　　　· 黄铜色造型茶几

· 灰色混纺地毯　　· 玫瑰金吊灯

· 玫瑰金吊灯　　　　· 白色乳胶漆墙面

32 黄色 + 绿色做点缀

· 绿植组合装饰画   · 黄色棉麻坐垫

黄色和绿色在北欧风格中均适用，因此结合起来作为空间中的点缀色彩也很常见，这两种色彩属于近似色，搭配起来十分和谐。一般绿色体现在装饰画以及绿植中，黄色则常出现在布艺织物之中。

· 绿植装饰三联画   · 藤编创意灯具

· 洞洞板造型收纳柜   · 蓝色系伊姆斯椅

33 对比色 / 互补色点缀

红色与绿色搭配、红色与蓝色搭配、黄色与蓝色搭配在北欧风格中出现的频率均较高，适合最求个性、时尚的业主。这类色彩搭配若饱和度较高，空间的视觉冲击力较强；若为饱和度较低的搭配，则空间配色显得更有质感。

· 橡皮粉棉麻布艺床品   · 灰绿色乳胶漆墙面

· 蓝色系造型座椅   红色几何图案装饰画 ·

· 红色蛋椅   · 绿色大象造型坐凳

34 浊色调 / 微浊色调的使用

除了经典的无彩色搭配，北欧风格也常见大面积的浊色调和微浊色调，如淡山茱萸粉、雾霾蓝、仙人掌绿等，这些色彩既可以作为主角色，也可以作为背景色，形成文艺中带有时尚的北欧风格配色。

· 白色乳胶漆墙面　　　　　· 几何图案混纺地毯

· 白色乳胶漆吊顶　　　浊调灰蓝色单人座椅·

· 浅米色乳胶漆墙面　　　　· 天鹅图案中幅装饰画

· 白色乳胶漆墙面　　　　· 黄色棉麻布艺抱枕

工业风格
配色冷静、硬朗　没有主次之分的色调

35 水泥灰 + 红棕色

　　水泥灰与朱红色组合，是工业风格中最经典的配色。水泥灰一般作为墙面和顶面色彩，塑造出粗犷、原始的感觉；红棕色常表现在皮质沙发上，形成稳定、厚重的空间色调。

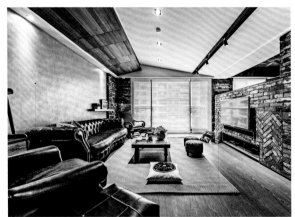

· 水泥灰墙面　　　　　　　　　　　· 红色造型砖墙

· 棕红色皮沙发　　　　　　　· 黑色组合装饰柜

· 棕红色皮沙发　　　　　　　· 水泥灰吊顶

36 无彩色组合

其中白色常作为顶面和主要家具色彩，地面和辅助家具用黑色，水泥灰则用在墙面，体现斑驳的质感；也常在空间中加入一两笔浊色调搭配，调剂空间冷硬的感觉。

·水泥灰背景墙   ·黑色擦漆整体橱柜

·灰白色文化墙   ·黑色地台

·白色乳胶漆墙面   ·灰色棉麻布艺沙发

37 白色 + 木色 + 黑色

白色 + 木色 + 黑色是比较保守的工业风格配色，白色一般作为空间主色出现，即使运用砖墙，也往往涂刷上白色。木色主要表现在家具和地面的用色上，而黑色则常作为水管装饰、灯具的色彩。

· 黑色皮沙发　　　　　　　· 灰色剑麻地毯

实木复合地板 ·　　　　　黑色擦漆装饰柜 ·

· 灰色通体砖　　　　　· 柚木餐桌

· 白色文化砖　　　　　· 灰色簇绒地毯

38 白色+红砖色+黑色

白色作为空间主色，裸露的红砖墙作为室内色彩可以起到丰富空间配色的目的，黑色可运用的范围很广，如家具、地面、装饰等。这种配色既可以充分凸显工业风格的粗犷感，又不会显得过于压抑。

· 黑色开放式装饰架　　　· 红砖背景墙

· 红砖背景墙

39 白色 + 红砖色 + 木色

相对于白色 + 红砖色 + 黑色，这种配色显得更加柔和。大量木色替代黑色，使空间具有了温暖气质，适合有新生宝宝的家庭。为了凸显风格，可以适量使用具有工业特性的装饰元素。

· 柚木餐桌　　· 红砖背景墙

· 红砖背景墙　　· 柚木吧台柜

· 红砖背景墙　　· 灰色棉麻布艺沙发

40 无彩色 + 亮色点缀

　　无彩色搭配亮色点缀是带有时尚感的工业风格配色。空间主色依然要选用无彩色,其中灰色水泥墙必不可少,再用浊调的绿色、蓝色、朱红色做色彩点缀。需要注意,这些色彩必须为浊色调,而若选用黄色点缀,则可以使用明度较高的色彩。

灰色洞石墙面 ·　　　　　　　· 红色系丝绒单人座椅 ·

· 黑色烤漆吊灯　　　　　· 绿色框架书桌

黄色系抽象图案装饰画 ·　　　　· 蓝色系丝绒单人座椅 ·

· 墨绿色丝绒布艺沙发　　　　· 黄色系皮沙发

41 银质金属色点缀

· 银色多开门冰箱   · 黑色亮漆吧台

　　工业风格具有粗犷的机械感，因此银色金属材质在家居中会大比例出现，这种材质所具有的色彩带有冷制感，与风格特征十分吻合，因此成为工业风格中绝佳的点缀配色。

· 造型装饰墙   · 金属流理台台面

· 水泥灰吊顶   · 银色双开门冰箱

· 水泥灰墙面   · 金属吧台台面

42 没有主次之分的色调

工业风格会一反色彩的配置规则，色调之间往往没有主次之分，喜欢用不同色调的色块并置，使其之间相互干扰，从而生产一种特有的新的视觉效果；也常用相似的深浓色彩来设计家居环境，令人分不清家中的主角色。

· 水泥灰地面　　　　　　　· 灰色棉麻布艺沙发

· 白色乳胶漆墙面　　　　　· 灰色棉麻布艺沙发

· 蓝色系植绒地毯

· 实木复合地板

· 胡桃木书桌　　　　　　　· 水泥灰地面

· 实木复合地板　　　　　　· 宝蓝色棉麻布艺沙发

美式乡村风格
自然、怀旧的配色　家具色彩较厚重

43 大地色组合

　　大地色在美式乡村的空间中会大面积运用，可以同时作为背景色和主角色，组合时需注意拉开色调差，以避免沉闷感。也可以利用材质体现厚重色彩，如仿旧的木质材料、仿古地砖等。

· 大花图案抱枕　　　　· 红砖背景墙

· 黄灰色硅藻泥墙面　　　　· 大花图案混纺地毯

· 柚木擦漆书桌　　　· 实木藻井吊顶

44 大地色（主色）+ 绿色

大地色组合绿色是最具有自然气息的美式乡村风格配色。其中，大地色通常占据主要地位，并用木质材料呈现出来。绿色多用在部分墙面或窗帘等布艺装饰上，基本不使用纯净或纯粹的绿色，多具有做旧的感觉。

· 绿色丝绒单人沙发　　　· 实木藻井吊顶

· 木色孔雀椅　　　· 碎花墙纸

· 绿色仿古砖　　　· 橡木擦漆浴室柜

· 绿色花纹棉麻床品　　　· 枫木饰面板

· 米灰色通体砖　　　· 橡木擦漆整体橱柜

45 大地色 + 白色

　　大地色与白色组合可以塑造出较为明快的美式乡村风格，适合追求自然、素雅环境的居住者。如果空间小，可大量使用白色，大地色作为重点色；若同时组合米色，色调会有过渡感，空间配色也显得更柔和。

· 白色石膏板吊顶　　· 胡桃木餐桌

· 棕色釉面砖　　· 橡木擦漆整体橱柜

· 桃花心木茶几　　· 灰色棉麻布艺沙发

· 胡桃木茶几　　· 米色乳胶漆墙面

46 白色（主色）+大地色+绿色

将白色作为顶面和墙面的色彩，大地色用作地面色彩，形成稳定的空间配色关系。另外，大地色也可以作为主角色，而绿色则常作为配角色和点缀色，这样的配色关系既具有厚重感，也不失生机、通透。

· 组合材质沙发　　　· 仿古地砖

· 仿古地砖　　　· 橡木擦漆岛台柜

· 绿色乳胶漆墙面　　　· 胡桃木餐桌　　　· 橡木擦漆整体橱柜

47 带有自然感的色彩搭配

美式乡村风格追求自然韵味，怀旧、散发浓郁泥土芬芳的色彩是其典型特征。其中，绿色、棕色，以及代表花朵的红色系均能体现大自然所表现出的生机盎然感，无论是运用于家居中的墙面装饰，还是运用在布艺软装上，都可以将自然情怀表现得淋漓尽致。

·拼色条纹布艺沙发　　·绿色乳胶漆墙面

·米灰色天鹅绒窗帘　　·红色丝绒床品

·红底花纹壁纸　　·咖网纹吧台台面　　·实木复合地板　·绿色格纹 PVC 壁纸

48 本色的天然材质

· 文化石造型墙　　　· 大花图案羊毛地毯

美式乡村风格力求体现自然风情，会大量运用天然材料。其中，自然裁切的石材和不加雕饰的原木既能体现乡村风情，又能彰显自由、原始的特征，色彩上低调又复古，可以将粗犷的风范渲染到极致。

· 实木复合地板　　　· 文化石背景墙　　　棕色皮质单人座椅·　　　文化石背景墙·

49 厚重的家具色彩

美式乡村风格突出生活的舒适和自由，自然、怀旧、散发着浓郁泥土芬芳的色彩是美式乡村风格的典型特征。家具则多取材于松木、枫木，不加雕饰，仍保留木材原始的纹理和质感，有时还刻意添上仿古和虫蛀的痕迹，创造出一种古朴的质感。颜色多仿旧漆，式样厚重。

·白色石膏板吊顶　　　　　·胡桃木电视柜

·实木装饰横梁　　　　　·胡桃木电视柜

·条纹壁纸　　　　　·胡桃木双人沙发

·红色丝绒单人沙发　　　　　·红色乳胶漆墙面

50 饱和度高的黄色

饱和度高的黄色可以体现出丰收的喜悦感，同时与棕色系的搭配也非常和谐，是美式乡村风格中最亮丽的一种配色。这种色彩在空间中的运用方位不受限制，既可以大面积地运用在硬装墙面上，也可以出现在家具、布艺、装饰品等软装上。

蓝色亮漆榉木餐桌 ·   亮黄色擦漆整体橱柜 ·

· 橘色乳胶漆墙面   · 水蓝色石膏板背景墙

51 大地色 + 蓝色系

· 橡木擦漆整体橱柜　　· 橡木擦漆岛台柜

大地色和蓝色系中的任意一种均可作为背景色，而另一种作为辅助配色，同时再加入白色进行调剂，此种配色是最具清新感的美式乡村配色形式，且带有一丝地中海的感觉，两者的区分在于室内空间的造型不同。

· 实木饰面板　　　　　· 深蓝色花纹棉麻床品

· 胡桃木餐边柜　　　　· 灰蓝色乳胶漆墙面

· 棕色榉木大衣柜　　　· 白色纯棉布艺床品

52 避免过于鲜艳的色彩

在美式乡村风格中，没有特别鲜艳的色彩，所以在进行配色时，尽量不要加入此类色彩，虽然有时也会使用红色或绿色，但明度都与大地色系接近，寻求一种平稳中具有变化的感觉，而鲜艳的色彩会破坏这种感觉。

· 浊色调蓝色布艺沙发　　· 墨绿色单人座椅

· 棕灰色纯棉布艺沙发　　· 浊色调蓝色布艺沙发

美式现代风格

配色更加丰富　布艺多使用低彩度棉麻

53 更为丰富的配色设计

　　美式现代风格和美式乡村风格的配色差异较大，绿色和棕色不再占配色的绝对优势，而转型为更加丰富的配色形式。大量色调鲜艳的色彩会被运用到家居配色之中，形成令人眼前一亮的空间氛围。

蓝色系植绒布艺沙发· ·灰绿色植绒布艺单人沙发·

·孔雀蓝植绒坐凳　　　　　　　　·多色组合纯棉抱枕

·灰色棉麻布艺沙发　　　　　　　·橘色布艺坐凳

54 白色 + 红色

红色是明亮的色彩，在美式现代风格中出现的频率较高。与美式乡村风格不同的是，美式现代风格中的红色对于色调没有什么限制，且运用的范围很广泛，作为背景色、主角色等均可。常与白色搭配，形成靓丽中不乏通透的空间环境。

·红色橡木擦漆餐边柜 ·红色花纹布艺餐椅

·红色乳胶漆墙面 ·棕色棉麻布艺沙发

·拼色棉麻布艺窗帘· ·白色石膏板吊顶

·红色花纹纯棉布艺抱枕 ·灰色棉麻布艺沙发

·红色花纹棉麻布艺单人沙发 ·灰色簇绒地毯

· 白色烤漆餐桌　　　· 黄色乳胶漆墙面

55 白色 + 橙色 / 黄色 + 木色

饱和度较高的橙色和黄色，非常适合美式现代风格，其靓丽的色彩可以为空间注入活力。在色彩设计时，可以将其作为背景墙的大面积配色，为空间塑造视觉焦点。若同时搭配木色，可以令空间中的自然感更强。

· 橘色乳胶漆墙面　　　· 榉木餐桌

· 青绿色实木横梁　　　· 橘色乳胶漆墙面

56 旧白色 + 浅木色

桃花心木茶几· ·灰绿色棉麻布艺沙发·

旧白色是指加入一些灰色和米色形成的色彩，比起纯白，它带有一些复古感觉，更符合美式现代风格追求质朴的理念。同时与浅木色搭配，可以增加空间的温馨特质。此种配色方式，在干净、通透中不乏自然感。

·枫木饰面板 ·白色纯棉布艺床品

·米灰色棉麻布艺沙发 ·胡桃木茶几

·榉木餐桌 ·白色通体砖

57 绿色 + 白色 / 木色

带有自然感的绿色在美式现代风格中运用十分广泛，既可以作为大面积的墙面背景色，也可以运用在主角色、配角色和点缀色之中。如果利用木色或白色与绿色搭配，可以营造出具有清新感和生机感的美式现代风格，非常适合文艺的青年业主。

· 绿色棉麻折叠帘　　　　　· 爵士白大理石台面

· 白色乳胶漆吊顶　　　　　· 绿色橡木擦漆整体橱柜

· 龟背竹图案壁纸　　　　　· 白色亮漆餐椅

· 绿植图案 pvc 壁纸

58 白色 + 灰色

白色 + 灰色的配色方式可以形成具有简约感和都市感的美式现代风格。其中，白色或灰色中的任意一种均可作为背景色，但若灰色为背景色时，则空间印象显得更加高级。配色比例上一般两者均分。

· 青砖背景墙　　　　　　　· 白色纯棉布艺床品

· 灰色实木横梁　　　　　　· 组合材质餐椅

59 蓝色 + 白色

蓝色是美式现代风格中比较常见的一种代表色，与白色组合时多会穿插运用，两者结合用在墙面或主要家具上，是最具有清新感的美式现代风格配色方式，对空间大小基本没有要求。蓝色作为墙面背景色时，会使用明度较高的色调，用在家具或地面上时可以使用低明度色调。

· 白色乳胶漆吊顶　　　　　· 蓝色花纹布艺抱枕

· 蓝色花纹纯棉窗帘　　　　· 白色乳胶漆墙面

· 蓝色花纹布艺抱枕　　　　· 白色乳胶漆墙面

· 灰蓝色橡木擦漆岛台柜　　· 白色亮漆橡木整体橱柜

· 白色石膏板吊顶　　　　　· 蓝色纯棉座椅套

60 蓝色 + 白色 + 木色

在蓝色和白色组合的空间中，加入木色调剂，可以增加美式现代风格的自然感。具体设计时，一般将白色作为背景色，蓝色作为空间中的跳色，可以出现在灯具、家具、布艺织物之中；木色则常通过家具和地板来表现。

· 藤编单人座椅　　　　　· 蓝色花纹布艺抱枕

· 组合材质餐椅　　　　　· 白色乳胶漆吊顶

· 组合材质餐椅　　　　　· 木色吧台椅

· 蓝色花纹折叠帘　　　　· 蓝色格纹棉麻布艺床巾

61 绿色 + 木色

浅木色搭配绿色具有自然感和生机感，是美式现代风格较为柔和的配色。其中，绿色的色调不宜过深，可以表现在墙面、布艺、装饰品之中；木色则会出现在家具、地面、门套、木梁等处。

· 水绿色乳胶漆墙面   · 棕色几何花纹混纺地毯

· 胡桃木餐椅   · 灰绿色乳胶漆墙面   · 胡桃木餐桌   · 绿色棉麻坐垫

62 无彩色组合 + 木色

利用无彩色中的三种或其中的两种塑造出现代感，再加入木色调剂，营造出美式现代风格的自然感。配色时可以用白色或灰色涂刷墙面，如果空间足够宽敞则黑色也可装饰部分墙面。但在小空间中，黑色主要用作主角色、配角色或点缀色，不宜大面积使用。

· 无彩色几何图案纯棉床品　　· 组合材质书架

· 灰白色皮质座椅　　　　　· 实木复合地板

· 组合材质长条餐椅　　· 灰色混纺地毯

· 白色纯棉布艺床品　　· 几何图案混纺地毯

63 红蓝比邻配色

比邻配色最初的设计灵感来源于美国国旗，基色由国旗中的蓝、红两色组成，具有浓厚的民族特色。这种对比强烈的色彩可以令美式现代风格的家居空间更具视觉冲击，有效提升居室活力。

· 蓝色花纹棉麻布艺窗帘　　　　　· 红砖装饰壁炉

· 蓝色亮漆温莎椅　　　　　　· 红色亮漆温莎椅

· 红色花纹纯棉布艺抱枕　　　　· 黑色花纹棉麻布艺窗帘

· 蓝色棉麻布艺装饰窗帘　　　· 红色亮漆装饰柜

64 红绿比邻配色

　　除了蓝、红搭配，美式现代风格还衍生出另一种比邻配色，即红、绿色搭配，配色效果同样引人入胜。在具体设计时，红色还可以运用红砖色进行替代，既能表现出配色特点，又可以增加空间的质朴感。

· 红色抽象图案装饰画　　　　· 绿色亮漆餐椅

· 红色纯棉布艺沙发巾　　　　· 绿色系植绒抱枕

65 近似色点缀

由于近似色比较内敛，不会破坏美式现代风格原有的氛围，又能够避免单调感，因此作为辅助配色十分适合。常见蓝、绿组合搭配旧白色，可以营造出清新、素雅的空间氛围，且在一定程度上体现出自然感。

·蓝色亮漆温莎椅　　　　·水绿色亮漆孔雀椅

·格纹纯棉布艺卡座坐垫　　　　·几何图案纯棉抱枕

·宝蓝色橡木擦漆整体橱柜　　　　·绿色系橡木擦漆吧台柜

66 多彩色组合

· 蓝色乳胶漆墙面　　　　· 大花图案羊毛地毯

多彩色组合是最具活跃感的美式现代风格配色方式。在设计时，可以用白色作为背景色，多彩色出现在其他角色之中；也可以选择一种彩色作为背景色，搭配其他色彩，但空间中最好有比邻配色的关系，用以凸显出风格特征。

· 创意图案双联画　　　　· 白色乳胶漆吊顶

· 多色组合混纺地毯　　　· 白色暗纹纯棉布艺床品

· 绿色造型收纳装饰　　　· 红色擦漆装饰柜

法式乡村风格

擅用浓郁色彩　甜美的女性配色　大地色系体现风格特征

67 大面积棕色系

　　法式乡村风格是典型的自然风格，因此来源于泥土的棕色系也是常见的配色。棕色系既可以用作家具之中，也常利用饰面板作为墙面背景色。可以与灰白色进行搭配，质朴中不失纯粹美感。

·枫木擦漆饰面板

·柚木擦漆饰面板

·胡桃木饰面板　　　　　　　　·灰白色擦漆茶几

68 白色/浅黄色 + 紫色

将紫色运用在布艺、装饰品等处，可以体现出浓浓的法式乡村情调，令人仿佛体验到薰衣草庄园自然壮观和浪漫唯美的感觉。其中，紫色和白色搭配，空间印象较为利落；紫色和浅黄色搭配，空间则更显温馨。

· 浅黄色乳胶漆墙面　　　　　· 紫色花纹布艺单人沙发

· 紫色装饰纱帘　　　　· 花鸟图案装饰壁纸

· 紫色丝绒布艺沙发　　　　· 白色乳胶漆墙面

· 胡桃木茶几　　　　· 紫色棉麻布艺窗帘

69 黄色作为主色

表暖意的黄色系在法式乡村风格中被大量采用，体现出一派暖意。配色时常与木质建材和仿古砖搭配使用，近似的色彩可以渲染出柔和、温润的气质，也恰如其分地突出了空间的精致感与装饰性。

· 黄色乳胶漆墙面　　　　　　　　　· 榉木双开门衣柜

· 条纹纯棉布艺沙发　　　　　　　　　· 仿古砖

70 白色 + 粉色

具有甜美感和浪漫感的粉色常被运用在法式乡村风格的家居中，最常与白色进行搭配，塑造儿童房或女性房间。其中粉色色调的选择针对不同空间有所不同，例如儿童房常见淡雅的粉色，女性空间则多为浓色调或深色调的彩色，并常搭配黑色使用。

· 条纹纯棉布艺床品　　　　· 创意图案装饰画

· 酒红色天鹅绒软包　　　　· 多色条纹混纺地毯

· 花纹纯棉布艺床品　　　　· 黑色铁艺床

· 棕色乳胶漆墙面　　　　· 大花图案纯棉布艺床品

粉色乳胶漆墙面·　　　　· 粉色花纹纯棉布艺床品

71 白色 + 蓝色 + 木色

　　蓝色搭配白色营造出的法式乡村居室，具有高雅而清新的感觉。其中蓝色既可以是辅助配色，也可以作为主色。在色调的选择上，只要不采用过于深暗的蓝色即可。同时，最好搭配木色进行色彩调剂。

·蓝色乳胶漆墙面　　　　　·实木装饰横梁

·大花图案纯棉布艺床品

·强化复合地板　　　　　·硬木雕刻双人睡床

·白色乳胶漆墙面　　　　　·灰蓝色植绒双人睡床

72 女性色为背景色

选择一种女性色作为背景色，用以突出法式乡村风格的甜美特征，再搭配棕色系的木质家具，或藤制装饰品，以及仿古砖，来凸显乡村风格的古朴特征。此种配色方式最能体现出法式乡村风格的特点。

· 蓝色花纹纯棉布艺床品　　· 玫粉色乳胶漆墙面

· 橘粉色乳胶漆墙面　　· 湖蓝色丝绒布艺沙发

73 女性色为点缀色

和女性色作为主角色相比，将女性色用于点缀色，再搭配白色做主色，可以令空间氛围显得更加明亮、干净；而若与灰色搭配，则能体现出精致感与高级感并存的空间特性。其中的女性色在色调上以纯色、淡色、浊色皆可。

· 橘色亮漆四柱床　　绿色花纹纯棉布艺窗帘·

· 红色棉麻布艺单人沙发　　青花瓷装饰花瓶·

· 蓝色花纹布艺折叠帘·　　· 紫色植绒床巾

74 擅用自然花纹的颜色

· 浅米色乳胶漆墙面　　　　　　· 多色花纹蚕丝被

在法式乡村风格中，常会用于花纹壁纸，或是碎花布艺来装点空间，这些花纹装饰其本身的色彩可以为家居空间带来丰富的配色效果。由于花纹的配色一般较为繁复，因此最好用明亮的白色或柔和的米色与之搭配，适量简化配色。

· 大花图案壁纸　　　　　　· 蓝色花纹棉麻布艺单人椅

· 纯棉花纹布艺床品　　　　· 多色花纹壁纸

· 多色大花棉麻布艺床品

英式乡村风格

本木色的高曝光率　来源于自然界的色彩　英国国旗中的配色

75 本木色作为主色

在英式乡村风格的家居中，会用到大量木材，因此本木色的曝光率很高，背景色、主角色均会用，例如常出现在软装家具和吊顶横梁的装饰之中。另外，这种纯天然的色彩还具有令家居环境显得自然、健康的优点。

·樱桃木茶几　　　·棕色系花纹壁纸

·米字旗图案坐凳　　　·胡桃木装饰壁炉

·胡桃木茶几　　　·灰黄色系暗纹壁纸

76 白色（主色）+ 木色

　　除了将木色做为空间中的主色，英式乡村风格同样会采用白色＋木色的经典配色方式。其中，白色作为主色奠定空间的纯净特色，再将木色表现在家具、地面之中，同时加入绿植的点缀，即可营造出自然、清新感的空间。

· 欧式花纹壁纸　　　　　· 樱桃木双人睡床

· 白色亮漆饰面板　　　　· 实木复合地板

· 白色乳胶漆墙面吊顶　　· 藤编餐椅

77 绿色 + 本木色

　　绿色一般为布艺家具的色彩，也可以作为主题墙的色彩设计；本木色是不可或缺的色彩，常用于地面，可以凸显出英式乡村风格的质朴感。也可以加入白色作为吊顶、墙面的配色，缓解浓郁色彩带来的压力。

· 胡桃木床头柜　　　　　　· 草绿色乳胶漆墙面

· 条纹 pvc 壁纸　　　　　· 米色釉面砖　　　　　· 灰绿色乳胶漆墙面　　　　· 樱桃木双人睡床

78 比邻色点缀

和美式乡村风格一样，英式乡村风格也会用到来源于国旗的比邻配色。这种配色的表现更加直观，直接会把米字旗用于家具和抱枕等的设计之中，再搭配白色、木色，即可营造出独具特色的英式风格。

· 胡桃木电视柜   · 米字旗茶几

· 米字旗桌旗   · 棕色皮沙发

· 米字旗单人座椅   · 宝蓝色棉麻布艺沙发床

· 红色棉麻布艺抱枕　　　　· 蓝色亮漆餐椅　　· 蓝色几何纹折叠帘　　· 红色花纹棉麻布艺抱枕

· 红色花纹混纺地毯　　　　米字旗棉麻布艺抱枕 ·　　　　树脂基座台灯 ·

79 暗色调 / 暗浊色调蓝色 + 白色 + 木色

在英式乡村风格的居室中，蓝色系会大量出现，但色调上最好保持为暗色调或暗浊色调，可以凸显英式乡村风格的理性。搭配用色上则依然以白色、木色为佳，不会偏离风格的本质，还能体现自然感。

· 蓝色竖条纹棉麻布艺窗帘 ·　　· 米灰色簇绒地毯

· 木色剑麻地毯　　　　· 蓝底花纹棉麻布艺坐垫

· 仿木纹壁纸　　　　· 蓝底大花棉麻布艺窗帘

· 蓝色系棉麻布艺沙发　　· 蓝色格纹布艺单人沙发

· 宝蓝色棉麻布艺沙发　　· 藤编创意茶几

80 红色系的使用

伦敦红为典型的地域式色彩，可以借鉴到家居配色之中，可以很好地表现出风格特征。这种色彩既可以作为大面积的墙面背景色，也可以表现在布艺之中（格子图案的布艺最佳），搭配白色和木色，可以将英式风情体现得淋漓尽致。

· 白色亮漆整体橱柜　　· 红色釉面壁砖

· 红色乳胶漆墙面

· 樱桃木茶几

· 红色格纹棉麻布艺沙发　　· 胡桃木餐桌

81 棉麻布艺的本身色彩

在英式乡村风格的居室内，会用到大量的棉麻布艺，因此其本身的色彩也是空间中不可忽视的配色来源。具体选择时，可以运用彩度较低的格纹或条纹布艺，用以彰显绅士感。

· 樱桃木床头柜　　　　　　· 绿色格纹纯棉布艺床品

· 灰底大花混纺地毯　　　　· 棕色格纹棉麻布艺沙发

欧式古典风格

配色古朴、厚重　　常用棕色系及金色作背景色　　低明度为主的点缀色

82 金色做点缀色

　　金色具有炫丽、明亮的视觉效果，能够体现出欧式古典风格的高贵感，构成金碧辉煌的空间氛围。软装中常见精致雕刻的金色家具、金色装饰物等，在整体居室环境中起点睛作用，充分彰显欧式古典风格的华贵气质。

· 欧式花纹壁纸　　　　· 金色兽腿雕花茶几

· 金色雕花装饰壁挂　　　　· 欧式雕花兽腿沙发

· 金色雕花兽腿餐椅　　　　· 欧式花纹丝缎窗帘

83 棕色系为主色

欧式古典风格会大量用到护墙板，实木地板的出现频率也较高，因此棕色系成为欧式古典风格中较常见的家居配色。同时，棕色系也能很好地体现出欧式古典风格的古朴特征。为了避免深棕色带来的沉闷感，可以利用米灰色中和，也可以通过变化软装色彩来调节。

· 欧式雕花餐椅　　　· 棕色柚木饰面板

· 棕色柚木饰面板　　　· 欧式大花羊毛地毯

· 棕色柚木饰面板　　　· 欧式雕花双人睡床

欧式雕花兽腿坐凳 ·　　　· 米色暗纹壁纸

84 白色 + 棕色

白色和棕色搭配既能体现出欧式古典风格的质朴、厚重，又避免了过多棕色带来的沉闷。在具体设计时，白色可以作为背景色出现，棕色则主要表现在家具、吊顶装饰线、地面的色彩之中。

· 雪尼尔窗帘　　　　· 桃花心木茶几

· 欧式雕花茶几　　　· 白色乳胶漆吊顶

· 白色石膏板吊顶　　· 樱桃木兽腿书桌

· 雪尼尔窗帘　　　　· 金色雕花双人睡床

85 棕色 + 黄色

利用厚重的棕色和富贵的黄色作为欧式古典风格的家居配色，可以营造出雍容中不乏理智的空间氛围。在配色时，可以基本保持 1:1 的比例，不分主次的配色关系令空间显得神秘。需要注意的是，使用黄色不宜选择纯色调、明色调等饱和度过高的色彩。

·桃花心木大衣柜　　　　·雪尼尔窗帘

·金色米黄大理石　　　　·欧式雕花兽腿皮沙发

·棕色大花混纺地毯　　　·雪尼尔窗帘

黑底大花混纺地毯·　　　碎花布艺兽腿沙发·

86 大理石色 + 棕色

在欧式古典风格的居室中，会用到很多的大理石材料来装饰墙面和地面。其本身的色彩低调中不乏精雅之感，与厚重的棕色系搭配，塑造出具有品质感的欧式古典风格。其间可以点缀金色或湖蓝色系的装饰品，来丰富空间的色彩层次。

• 古堡灰大理石　　　• 欧式雕花兽腿沙发

• 桃花心木茶几　　　• 古堡灰大理石

87 白色 + 深色系

深色可以体现出古朴、厚重的特征，比较适合欧式古典风格。在色彩设计时，可以选用白色作为背景色，深色系则可以用在家具等主角色上。另外，如果深色系用于墙面，最好用在主题墙上。

· 棕色欧式花纹壁纸 　　· 灰色簇绒地毯

· 白色石膏板吊顶 　　· 黑底大花欧式壁纸

·红底大花羊毛地毯　　·金色饰面板吊顶

88 浊色调的红色点缀

　　浊色调的红色是显眼而又不过于明亮的色彩。在欧式古典风格的居室中，可以通过摆放此类色彩的家具、饰物来丰富空间配色；也可以利用布艺或局部墙面的色彩来装点空间，提升品质。

·棕色柚木饰面板　　·红色皮沙发

胡桃木茶几·　　红色丝缎单人座椅·

·酒红色棉麻布艺窗帘　　·棕色柚木饰面板

·红底大花欧式壁纸　　·金色丝绒软包

89 浊色调／暗色调的绿色作为背景色

在欧式古典风格的居室中，利用浊色调或暗色调的绿色作为墙面色彩，搭配同样色调的红色，或棕色、黑色，可以塑造出奢靡的空间氛围。如弱绿色表现在绿植之中，则可以为空间注入生机感。

· 灰绿色雪尼尔窗帘　　· 金色雕花餐桌

· 灰绿色乳胶漆墙面　　· 酒红色丝绒布艺沙发

· 黑色亮漆樱桃木书桌·　灰绿色擦漆开放式书柜

· 暗绿色亮漆饰面板　　· 红底大花混纺地毯

· 桃花心木装饰柜　· 灰绿色丝绒床巾

90 蓝色系点缀

欧式古典风格中常见蓝色系点缀，其中宝蓝色、湖蓝色、灰蓝色最常见，可以为家居环境增添层次感。具体设计时多用于墙面点缀色，也会用在窗帘、地毯等布艺中。需要注意的是，纯色调、明色调以及微浊色调的蓝色并不适用于欧式古典风格。

· 灰蓝色雪尼尔窗帘　　　　　· 蓝底大花壁纸

· 蓝色乳胶漆墙面　　　· 柚木书桌

· 仿古地砖　　　　　· 蓝色系丝绒软包

· 蓝色系丝绒床巾

91 华丽色彩组合

　　欧式古典风格可以采用多种颜色交互使用的配色方式，给人很强的视觉冲击力，也可以使人从中体会到一种冲破束缚、打破宁静的激情。在具体配色时，可以采用对比色、邻近色交互的配色方式，但要注意比例，不要过于炫目。

·混色混纺地毯　　·红色乳胶漆墙面

·紫色欧式花纹壁纸　　　　　　　　　　·紫色丝绒雕花沙发

·灰绿色丝绒欧式沙发　　·拼色雪尼尔窗帘

·拼色大花混纺地毯　　·白色石膏板吊顶

新欧式风格

配色高雅、和谐　简化的线条和色彩　软装多为低彩度

92 白色 / 象牙白作为主色

相对比拥有浓厚欧洲风味的欧式古典风格，新欧式风格更为清新，也更符合中国人内敛的审美观念。在色彩上多选用白色或象牙白做底色，再糅合一些淡雅色调，力求呈现出一种开放、宽容的非凡气度。

· 白色乳胶漆墙面　　　· 混色混纺地毯

· 香槟色皮沙发　　　· 白色石膏板顶面

· 白色雕花石膏板饰面墙　　　· 黑白马赛克拼花地砖

93 白色（主色）+ 黑色 / 灰色

白色占据的面积较大，不仅可以用在背景色上，还会用在主角色上；白色无论搭配黑色、灰色或同时搭配两色，都极具时尚感。同时，常以新欧式造型以及家具款式，区分其他风格的配色。

· 黑底大花壁纸　　　· 灰色植绒地毯

· 白色乳胶漆墙面　　　· 灰色丝绒布艺沙发

· 黑底大花壁纸　　　· 白色硬包创意茶几

· 灰底花纹壁纸　　　· 白色拉扣皮质双人睡床

94 白色／米色＋暗红色

用白色或米色作为背景色，如果空间较大，暗红色也可作为背景色和主角色使用；在小空间中暗红色则不适合大面积用在墙面上，可用在软装上进行点缀，这种配色方式带有明媚、时尚感。配色时也可以少量地糅合墨蓝色和墨绿色，丰富配色层次。

· 米灰色暗纹壁纸　　　· 红色花纹贡缎抱枕

· 酒红色擦漆饰面板　　　· 拼色花纹混纺地毯

95 白色 + 蓝色系

这种配色具有清新、自然的美感，符合新欧式风格的轻奢特点。其中，蓝色既可以作为背景色、主角色等大面积使用，也可以少量点缀在居室配色中。需要注意的是，配色时高明度的蓝色应用较多，如湖蓝色、孔雀蓝等，暗色系的蓝色则比较少见。

· 白色石膏板饰面　　　　· 蓝色丝绒单人沙

· 棕灰色擦漆饰面板　　　· 蓝色花纹羊毛地毯

蓝色花纹墙面砖·　　　　暗浊蓝色丝绒单人沙发·

· 灰色棉麻布艺沙发　　　· 蓝色花纹混纺地毯

96 白色 + 紫色点缀

这是具有清新感的配色方式，但比起蓝色，它是一种没有冷感的清新。其中紫色常用作配角色、点缀色，是倾向于女性化的配色方式；也可以利用不同色系的紫色来装点家居，如运用深紫色、浅紫灰色进行交错运用，会令家居环境更显典雅与浪漫。

·灰色擦漆饰面板　　·紫色丝缎单人座椅

·白色石膏板吊顶　　·紫色花纹混纺地毯

·灰色暗纹壁纸　　　　　·金色框架餐椅

·灰棕色擦漆饰面板　　·紫色丝缎抱枕

97 白色（主色）+ 绿色点缀

白色通常作为背景色，绿色则很少大面积运用，常作为点缀色或辅助配色；绿色的选用一般多用柔和色系，基本不使用纯色。这种配色印象清新、时尚，适合年轻业主。

· 墨绿色丝绒布艺沙发　　· 白色石膏板吊顶

· 墨绿色皮质单人座椅　　· 白色绿边布艺贵妃椅

· 灰底欧式花纹贡缎床巾　　· 绿色植绒硬包

· 墨绿色棉麻布艺窗帘　　· 灰底欧式花纹贡缎床巾

· 白色乳胶漆吊顶　　· 绿色丝绒罩面蚕丝被

98 白色 + 金色 + 其他色彩

用金色搭配纯净的白色，将白与金在不同程度的对比与组合中发挥到极致。在新欧式风格中，金色的使用注重质感，多为磨砂处理的材质，会被大量运用到金属器皿中，家具的腿部雕花中也常见金色。

· 灰色乳胶漆墙面　　　· 灰粉色丝绒布艺沙发

· 橘色 + 金色框架吧台椅　　　· 米灰色暗纹壁纸

· 宝蓝色丝绒布艺沙发　　　· 灰色乳胶漆墙面

99 白色 + 银色 + 其他色彩

银色与白色搭配组合方式与金色和白色搭配类似，银色也是作为点缀色或者家具边框出现的，偶尔会以屏风或隔断的样式做大面积的使用，不如金色那么奢华，但具有一些时尚感。

• 白色石膏板饰面   • 银色雕花兽腿茶几

• 雕花兽腿座椅   • 工艺装饰画

100 冷色系做主色

将冷色系用于新欧式家居风格中，可以很好地弱化欧式古典风格带来的宫廷气息，形成小资情调的空间配色。一般会将不同色调的蓝色用于家具中，也会用做墙面装饰等，构成高贵、清新的生活空间。

· 蓝紫色乳胶漆墙面　　· 蓝色植绒布艺沙发

· 蓝色花纹壁纸　　· 蓝色刺绣花纹抱枕

· 柚木擦漆饰面板　　· 拼色几何图案混纺地毯

· 蓝色哑光漆石膏板饰面　　· 拼色几何图案混纺地毯

101 黑色 / 灰色做主色

新欧式风格追求精致与品质，在配色设计时可以将黑色、灰色用于墙面背景色，再搭配浊色调的蓝色、绿色等色彩。如果觉得黑色过于深暗，则可以选用带有装饰图案的壁纸来进行色彩缓和。另外，配色时要适量加入金属色，才能更好地体现风格特征。

· 灰色哑光漆饰面板　　　· 绿色系皮沙发

· 黑底六芒星图案壁纸　　　· 灰蓝色植绒双人睡床

· 橘色系皮沙发　　　· 灰色暗纹壁纸

· 绿色植绒单人座椅　　　· 灰色哑光漆石膏板饰面

102 木色不再大量用在墙面上

在欧式古典风格的家居中，墙面上经常会使用木色材料，如饰面板、实木板、护墙板等，而在新欧式风格中这点有所改变，很少会大量的使用木色，而更多的是使用白色的木料搭配带有欧式典型纹理的壁纸，木色更多地会用在地面和部分家具上。

· 蓝色波点图案餐椅　　· 强化复合地板

· 白色橡木亮漆岛台　　· 强化复合地板

· 白色乳胶漆墙面　　· 柚木书桌　　· 棕色系金属框架单人沙发　　· 灰底花纹壁纸

103 布艺多为低彩度类型

新欧式风格中的布艺包括窗帘、桌巾、灯罩等，在选择此类装饰的色彩时，最好以低彩度的色调为主，基本不使用纯色调，而是以浅色、浓色、深色或带有灰调的浊色为主，材质以棉织品、纱、丝为主。

· 拼色植绒床巾　　· 白色石膏板吊顶

· 撞色组合抱枕　　· 蓝底花纹混纺地毯

· 白色石膏板吊顶　　· 多色花纹纯棉抱枕

· 墨蓝色丝绒单人座椅　　· 多色组合丝绒抱枕

中式古典风格

沉稳、厚重的配色基调　擅用皇家色装点　大量实木色泽

104 红棕色系

　　由于中式古典风格的居室中会大量使用木质家具，因此红棕色系会时常出现。另外，有些家居也会用红棕色系的饰面板来装饰墙面，或者铺此种色系的木地板。如果家居环境中大量运用到红棕色系，则布艺织物的颜色时最好用其他色彩进行调剂。

·酒红色乳胶漆墙面　　　　　　·花梨木明清座椅

·米灰色乳胶漆墙面　　　　　　·黄花梨明清座椅

·花梨木雕花四柱床

105 红色 + 棕色

对于中国人来说，红色象征着吉祥、喜庆。在中式古典风格的家居中，红色既可以作为背景色，也可以作为主角色。搭配棕色系，可以营造出古朴中不失活力的配色氛围。

· 乌金木双人睡床　　· 酒红色暗纹壁纸

· 红色亮漆餐椅　　· 胡桃木餐边柜

· 柚木架子床　　· 红色暗纹贡缎床品　　　· 榉木茶几　　· 红色乳胶漆墙面

106 黄色 + 棕色

黄色与棕色搭配可以再现中式古典风格的宫廷感。其中，黄色象征着皇家的财富和权利，棕色具有稳定空间的作用。一般可以将黄色作为背景色，棕色作为主角色；也可以将黄色作为大面积的布艺色彩，棕色作为家具配色。

· 亮黄色坐凳   · 昆曲主题四联画

· 花梨木中式装饰柜   · 黄色装饰花器

· 柚木餐桌   · 黄色花纹壁纸

· 棕色花梨木博古架   · 金黄色花纹壁纸

107 白色 + 棕色系

在中式古典风格的居室中，利用白色 + 棕色的配色形式，可以塑造出古朴中不失清透的空间氛围。在具体设计时，两种色彩可以等分运用，也可以将棕色作为较大面积的配色（占空间比例的60~70%），白色作为调剂使用。

· 花梨木雕花坐榻　　　　· 白色乳胶漆墙面

· 榆木书桌　　　　· 白色乳胶漆墙面

· 白色乳胶漆墙面　　　· 柚木双人睡床

· 花梨木雕刻书桌

· 榉木书柜　　　　　　　　　· 灰色暗纹壁纸

108 米灰色 + 棕色

米灰色搭配棕色的配色形式是白色搭配棕色的进阶版，主要目的是为了令空间配色过渡更加柔和、自然。在设计时，可以参照白色 + 棕色的比例关系，还可以利用仿古地砖的色彩来丰富配色。

· 灰色暗纹壁纸　　　　　　　· 榉木餐椅

· 榉木中式隔断　　　　　　　· 米灰色石膏板饰面

· 米灰色乳胶漆墙面　　　　　· 柚木茶几

109 红色 / 黑色 / 深栗色 + 柚木系 / 红木系

中式古典风格家居中的家具多以红色、黑色、深栗色为主，因此搭配带有内敛气质的柚木系、红木系地板最为适合，能体现出极高的文化意境和内涵，更可以为居室增添富贵之相。

· 实木复合地板　　　　· 花梨木雕花书桌

· 花梨木雕刻书桌　　　　· 白色乳胶漆墙面

· 红棕色花梨木坐榻　　　　· 牡丹花卉壁纸

110 青砖色点缀

在中式古典风格的居室中，有时会利用青砖来装点墙面，这种灰青色可以作为家居配色中的辅助色彩，在整面背景墙或局部墙面上运用。在具体设计时，可以搭配白色和棕色，将古典中式风格的韵味呈现得恰到好处。

棕色柚木太师椅 ·   青砖装饰墙 ·

· 青砖背景墙   · 中式雕花壁挂

· 青砖背景墙   · 柚木餐桌   · 柚木雕刻中式窗扇   · 青砖装饰

111 黑色做主色

黑色具有稳定空间配色的作用，其沉稳的色彩特征与中式古典风格的诉求较为吻合。因此，可以作为空间大面积的背景色，无论搭配木色、米灰色，还是暗浊调的蓝色，均能展现出中式古典风格的大气底蕴。

· 白色乳胶漆墙面　　· 花鸟装饰壁纸

· 黑色榉木镂空隔断　　· 混色混纺地毯

· 青绿色马赛克背景墙　　· 黑色木雕花装饰

· 黑色榉木餐桌　· 黑色雕花装饰壁挂

112 青花瓷蓝做点缀色

青花瓷作为具有中式古典意韵的装饰物，常常出现在中式古典家居之中。由于青花瓷特有的蓝色是一种极佳的装饰色彩，因此会作为点缀色出现在家居之中。除此之外，也可以利用不同明度的蓝色来作为墙面的局部配色。

· 拼色贡缎抱枕　· 黑色中式花纹榉木装饰

· 柚木酒柜　　　　　　　· 青花装饰瓶

· 橡木擦漆浴室柜　· 青花瓷蓝洗手盆

113 多种皇家色组合

中式古典风格的居室中擅用皇家色进行装点，如帝王黄、中国红、青花瓷蓝等。另外，祖母绿、黑色也会出现在中式古典风格的居室中。但需要注意的是，除了明亮的黄色之外，其他色彩多为浊色调。

·红色花纹棉麻布艺抱枕　·榉木茶几

·青花工艺品　·水墨荷花壁纸

·拼色贡缎床品　·混色混纺地毯

新中式风格

配色效果素雅　取自苏州园林或民国民居的色调　皇家色做点缀

114 无彩色组合

　　用黑、白、灰三色中的两色或三色组合作为空间中的主要色彩，是源于苏州园林或民国民居的配色方式，偶尔加入金色或银色。装饰效果朴素、具有悠久的历史感，其中黑色可用暗棕色代替。

· 灰色棉麻布艺沙发　　　　　　　　· 白色柚木隔断

· 灰色棉麻布艺沙发　　　　· 水墨装饰饰面板

· 灰白色棉麻布艺沙发　　　· 山水装饰四联画

115 深棕色 + 无彩色

·柚木茶几　　·白色石膏板吊顶

深棕或暗棕与无彩色组合是园林配色的一种演变，具有复古感。棕色最常作为主角色用在主要家具上，也可作配角色用在边几、坐墩等小型家具上。背景色则常见白色、浅灰色，而黑色做层次调节加入。

·实木复合地板　　·中式花纹餐椅

·米灰色乳胶漆墙面　　·柚木茶几

·实木复合地板　　·白色石膏板顶面

116 白色 + 浅木色

相对于深棕色，浅木色既能表现出木质的温润质感，且配色更加柔和。具体搭配时可以采用白顶、灰色地面，浅木色做色彩穿插的形式，能够塑造出具有禅意且朴素的新中式风格。

· 米灰色乳胶漆墙面   · 柚木圈椅

· 白色亮漆雕花餐桌   · 实木复合地板

117 暖色系皇家色点缀

· 黄色坐墩　　· 灰蓝色乳胶漆墙面

在新中式风格的家居中，最常运用的暖色点缀为红色和黄色，这两种色彩既明亮，又能体现出中式风格的尊贵感。配色时可以将红、黄两色与大地色系或无色系进行搭配，也可以揉入暗浊色调的蓝色做设计。

· 水墨装饰壁纸　　· 红底大花混纺地毯

· 黄底大花壁纸　　· 灰白色棉麻布艺沙发

· 红底大花壁纸　　· 柚木圈椅

118 冷色系皇家色点缀

　　蓝色或青色与红色、黄色一样，同样源自中国古典皇家住宅中的配色，与红色和黄色相比，在新中式风格中使用冷色系能够体现出肃穆的尊贵感。需要注意的是，这两种颜色在新中式风格中使用时，如果不搭配对比色，那么很少采用淡色或浅色，浓色调最常用。

· 灰色棉麻布艺沙发　　　· 榉木茶几

· 蓝色花纹混纺地毯　　　· 蓝色装饰壁挂

· 蓝色玻璃花瓶　　　· 白色石膏板吊顶

119 无彩色 + 黄色和蓝色点缀

在新中式风格的居室中，可以将黄色和蓝色共同作为点缀色。此种配色方式可以体现出活泼、时尚的新中式风格，但需注意蓝色最常用浓色调，少采用淡色或浅色；而黄色则可以选择饱和度略高的色彩。

· 蓝底梅花图案壁纸　　　　　· 黄色树脂基座台灯

· 灰色羊毛地毯　　　　　· 混色组合纯棉抱枕

· 宝蓝色丝绒餐椅　　　　　· 黄色系装饰壁画

120 无彩色 + 蓝色和红色点缀

在新中式风格的居室中，可以在主要配色中加入一组互补色设计，如最常见的红色 + 蓝色，能够活跃空间氛围。选择的互补色，彩色明度不宜过高，纯色调、明色调或浊色调均可。另外，红色也可以延展到红橙色和玫红色。

· 蓝色乳胶漆墙面　　· 拼色纯棉抱枕

· 拼色组合贡缎抱枕　　· 风景主题四联画

· 拼色单人沙发　　· 蓝色丝绒抱枕

· 蝴蝶兰装饰绿植　　· 蓝色纯棉抱枕

121 紫色系点缀

· 灰紫色暗纹壁纸　　　　· 柚木饰面板

　　紫色在一些朝代中属于尊贵的皇家颜色，在新中式风格的配色中也较常见，能够为空间增添尊贵感与神秘感。但需要注意，淡色或浅色的紫色过于浪漫，基本不会在新中式风格中使用，多为浊色、浓色或暗色。另外，如果觉得太具个性，也可以搭配少量紫红色作调节。

· 紫色植绒双人睡床　　　· 灰绿色植绒地毯

· 抽象主题四联画　　　　· 紫色贡缎抱枕

122 绿色系点缀

在黑、白、灰或棕色为主的配色中加入绿色能增加平和感，使整体效果更舒适。色调同样要避免过于淡雅，加入灰色或黑色调和更符合风格特点；也可以选择略带一点黄色的绿色，特别是丝绸材料的布艺，更符合新中式风格的意境。

· 棕色缎面硬包　　　　　　· 多色组合纯棉抱枕

· 宝绿色装饰瓶　　　　· 白色漆面中式玄关柜

· 绿色系花纹贡缎床品　　· 棕灰色暗纹壁纸

· 暗绿色贡缎抱枕　　　· 黑色皮质单人沙发

123 多彩色点缀

· 水墨大幅装饰画

新中式风格并非只能用寡淡的色调，可以选择红、黄、蓝、绿、紫之中的两种以上的色彩搭配大环境的白色、灰色或米色，这样的配色可以使空间氛围显得生动而活泼。色调可淡雅、鲜艳，也可浓郁，但这些色彩之间最好拉开色调差。

· 蓝色棉麻灯罩台灯　　· 白底大花混纺地毯

· 灰蓝色乳胶漆墙面　　· 多色组合纯棉抱枕　　· 多色组合丝绒抱枕　　海洋材质造型墙面·

东南亚风格
源自于雨林的配色　浓郁、神秘的色彩搭配　异域风情配色

124 无彩色系组合

用无彩色系中的白色、灰色做家居空间的主要色彩，搭配大地色系或少量彩色，可以营造出具有素雅感的东南亚风格配色，同时可以传达出简单的生活方式和禅意。另外，无彩色系中的金色也可以运用在家居配色之中，通常作为家具或画框的描边。

·白色乳胶漆墙面　　·榉木餐桌

·白色石膏板吊顶　　·榉木茶几

·白色乳胶漆墙面　　·棕色柚木餐桌

125 大地色系做主色

·多色组合泰丝抱枕　·柚木茶几

大地色系的色彩组合包括棕色、咖啡色、茶色等，装饰效果比较厚重，具有稳健、亲切的感觉，以及磅礴的气势，所以此种东南亚风格配色不太适合小空间或采光不佳的空间。另外，如果将原木色用在墙面，多以自然材料展现，如木质、椰壳板等。

·柚木餐桌　　　马赛克拼花背景墙·

·棕色柚木饰面板　·多色组合泰丝抱枕

126 白色（主色）+ 浅木色

用白色占据空间的主导地位，再搭配浅色的木藤材质，可以将东南亚风格朴素、纯净的一面表现出来。为了丰富配色层次，可以少量运用黑色作为色彩调剂，也可以利用绿植的色彩来提升自然感。

· 木色孔雀椅　　　　　　· 灰色植绒地毯

· 白色乳胶漆墙面　　　　· 藤编灯具

· 木雕茶几　　　　　　　· 白色乳胶漆墙面

· 棕色折叠椅　　　　　　· 灰色棉麻布艺沙发

127 大地色 + 米色

棕色、咖啡色、茶色等与柔和的米色组合，是具有泥土般亲切感的配色方式，淡浊色调的米色与大地色系的明度组合显得柔和而舒适，同时还具有一些对比感，适合多数人群。如果空间面积不大，适合将米色用在墙面或主要家具上，棕色用在辅助家具或地面上。

· 白色棉麻布艺沙发   · 木雕茶几

· 米色乳胶漆墙面   · 硬木雕花床尾凳

· 柚木餐桌   · 米色暗纹壁纸   · 棕色花纹混纺地毯   · 柚木架子床

128 大地色 + 紫色

大地色组合紫色可以体现出家居风格的神秘与高贵，强化东南亚风格的异域风情。但紫色用得过多会显得俗气，在使用时要注意度的把握，适合局部点缀在纱缦、手工刺绣的抱枕或桌旗之中。

· 柚木饰面板

· 柚木雕刻架子床　　　· 紫色纱帘

· 米色乳胶漆墙面　　　· 紫色花纹泰丝抱枕

· 橘黄色乳胶漆墙面　　　· 紫色泰丝抱枕

129 大地色 + 红色

大地色和红色搭配可以凸显出东南亚风格的质朴感。其中，红色最好选择加入大量黑色的暗色调，与大地色系在色调上较为接近，会形成和谐的配色环境。在空间色彩的体现上，红色系多出现在布艺织物中，也会作为墙面的局部点缀。

· 拼色丝缎窗帘   · 多色组合泰丝抱枕

· 大象造型雕刻坐凳   · 酒红色丝绒硬包

130 大地色（主色）+冷色

以大地色系为主色，冷色为配色或点缀色。其中，冷色多为浓色调，如孔雀蓝、青色、宝蓝色等具有特点的蓝色，用以强化东南亚风格的异域风情，并增添一些清新感。另外，冷色最常使用泰丝材料展现，如果用在墙面上建议使用具有变换感的壁纸。

·柚木木雕装饰柜　　　　　·自然图案装饰壁画

·柚木雕刻装饰壁挂　　　·宝蓝色植绒地毯

·柚木雕刻四柱床　　　　·米黄色乳胶漆墙面

·木贴皮饰面板　　　　·灰蓝色纯棉抱枕

131 大地色 + 金色 / 橙色

利用大地色作为墙面局部装饰或家具的色彩；金色则出现于吊顶、家具脚线之中，也可在软装中出现金色点缀，并可用橙色布艺适当替代金色。此种色彩搭配可以营造出神秘、奢绮的空间氛围。

· 金色镂空装饰格栅   · 红色泰丝抱枕

· 木皮灯具   · 金色装饰壁挂

· 金色镂空装饰格栅   · 硬木雕刻餐椅

132 白色（主色）+ 对比色

将白色用作主色，红色、绿色作为辅助配色，可彰显出浓郁的热带雨林风情。在配色时，基本不会使用纯色调的红绿对比，而多为浓色调对比，主要通过各种布料或花艺来展现，也可以将其中一种色彩运用在局部墙面之中。

• 绿色羊毛床巾　　• 玫红色丝绒床尾凳

• 红色丝绒坐凳　　• 墨绿色丝绒沙发

133 大地色 / 无彩色系（主色）+ 多彩色

用大地色、无彩色作为主要配色，紫色、黄色、橙色、绿色、蓝色中的至少三种色彩作为点缀色，形成具有魅惑感和异域感的配色方式。在具体设计时，绚丽的点缀色可以用在软装和工艺品上，多彩色在色调上可以拉开差距。

· 棕色榉木装饰线　　　· 多色组合泰丝抱枕

· 柚木雕刻装饰柜　　　· 多色组合泰丝抱枕

· 蓝色造型壁挂　　　· 绿植图案棉麻抱枕　　　· 棕底大花壁纸　　　· 多色组合泰丝抱枕

· 柚木 + 镜面装饰背景墙　　· 多色组合泰丝抱枕

· 棕色柚木吊顶　　· 多色组合泰丝抱枕

· 泰丝抱枕　　· 拼色贡缎床巾

· 多色组合木雕装饰柜

134 无彩色系 + 棕色 + 绿色

无彩色、棕色作为主要色彩，搭配绿色，可营造出具有生机感的东南亚风格配色；为了避免和乡村风格形成类似效果，在图案的选择上应有所区别，例如多采用热带植物图案的壁纸、大象装饰画等。

·米灰色暗纹壁纸　　·绿色棉麻窗帘

棕底花纹壁纸·　　　·柚木亮漆装饰柜

·拼色棉麻布艺窗帘　　·组合材质餐椅

·柚木餐桌　　　·绿色花纹混纺地毯

地中海风格

从地中海流域取色　色彩组合大胆、奔放　色彩丰富、明亮

135 白色 + 蓝色

　　白色 + 蓝色的配色灵感源自于希腊的白色房屋和蓝色大海的组合，是最常经典的地中海风格配色，效果清新、舒爽，常用于蓝色门窗搭配白色墙面，或蓝白相间的家具。其中，蓝色的色调选择基本不受限制，但要避免大量暗色调的运用。

· 海洋主题手绘背景墙　　· 宝蓝色棉麻床巾

· 白色石膏板吊顶　　· 蓝色擦漆装饰横梁

· 灰白色条纹壁纸　　· 宝蓝色棉麻床巾

136 白色 + 青绿色

白色除了和蓝色搭配可以营造出具有清新感的家居环境，也可以搭配青绿色，这样的配色同样具有强烈的风格特征。另外，青绿色与白色的搭配更显活泼。青绿色系一般用在主题墙面的设计上，为家居配色空间增加视觉焦点。

· 白色造型装饰门 ·   · 青绿色乳胶漆墙面 ·

· 青绿色擦漆装饰柜   · 彩色花纹纯棉布艺床品

137 白色 + 蓝色 + 绿色

以白色作为背景色，再搭配蓝色与绿色，此种色彩组合象征着大海与岸边的绿色植物，给人自然、惬意的感觉，犹如拂面的海风般舒畅。蓝色一般可以用于家居中的一侧墙面，而绿色则可以用到擦漆做旧的家具上。

·白色乳胶漆墙面　　　　·灰蓝色纯棉抱枕

·青绿色花纹纯棉床品　　　·蓝色抽象主题装饰画

·白色亮漆餐桌　　　　·绿色擦漆整体橱柜

·青绿色乳胶漆墙面　　　　·混合材质餐椅

138 黄色 + 蓝色

配色灵感源于意大利的向日葵，具有天然、自由的美感。如果以高纯度黄色为主角色，可以令空间显得更加明亮，而用蓝色进行搭配，则避免了配色效果过于刺激，也可以偶尔加入中性的绿色进行调和。

▸ 黄色乳胶漆墙面　　　　　　　　　　　▸ 灰色棉麻布艺沙发

▸ 黄色乳胶漆墙面　　　　　　　　　　　▸ 多色组合纯棉抱枕

· 黄色橡木擦漆装饰柜　　　　　· 蓝色乳胶漆墙面

· 黄色橡木擦漆整体橱柜　　　　· 蓝色通体砖

· 蓝色纯棉床巾　　　　　· 黄色乳胶漆墙面

· 仿古砖　　　　　　· 黄色乳胶漆墙面

139 白色（主色）+ 原木色

白色 + 原木色的配色方式，适用于追求低调感地中海风格的业主。其中，白色通常作为背景色，也可以用米色替代，原木色则多用在地面、拱形门造型的边框，以及墙面、顶面的局部装饰。

· 黄色乳胶漆墙面　　　　　　· 棕色植绒硬包

· 棕色柚木墙面装饰架　　　　　　· 米灰色乳胶漆墙面

140 大地色组合

属于典型的北非地域配色，呈现热烈的感觉，犹如阳光照射的沙漠。其中，大地色包括土黄色系或棕红色系，还可扩展到旧白色、蜂蜜色。在具体设计时，红棕色可运用在顶面、家具及部分墙面上，为了避免过于厚重，也可以结合浅米色来搭配。

· 棕色柚木装饰横梁   · 大花图案混纺地毯

· 咖网纹大理石   · 柚木茶几

· 黑棕色棉麻布艺沙发   · 柚木原色茶几

· 榉木装饰柜   · 黄灰色乳胶漆墙面

· 灰色文化石造型墙   · 灰棕色编织床巾

141 大地色 + 蓝色

将两种典型的地中海风格的代表色相融合，兼具亲切感和清新感。若想增加空间层次，可运用不同明度的蓝色来进行调剂，若追求在清新中带有稳重感，可将蓝色作为主色；若追求在亲切中带有清新感，可将大地色作为主色。

·强化复合地板　　　　　·圣托里尼主题手绘墙

·木贴皮饰面板　　　　　·拼色柚木孔雀椅

·文化石装饰背景墙　　　　·青绿色纯棉抱枕

·牛仔蓝棉麻布艺沙发　　　　·蓝色擦漆装饰柜

142 大地色 + 白色 + 蓝色

　　选用白色和蓝色作为空间的主色调，在这种最经典的地中海配色中，再加入大地色，可以塑造出在明亮中不乏自然、清新感的空间环境。其中，大地色最好使用木色系，而蓝色多作为点缀、辅助，基本不做背景色。

·棉麻 + 木框架单人座椅　　　·拼花大理石地砖

·柚木茶几　　　·硬木 + 牛皮单人沙发

·木质 + 藤编餐椅　　　蓝色擦漆装饰柜·　　　·强化复合地板　　　白底蓝花棉麻窗帘

143 大地色 / 白色 + 多彩色

大地色系或白色为主色，搭配红色、黄色、橙色等暖色，可以令家居环境显得温暖、热情；如果这些色彩的明度和纯度低于纯色，则会更容易获得协调效果。若不喜欢家居配色过于绚丽，则可以利用蓝色、绿色、紫色等偏冷的色彩来作为点缀色，用以改变配色印象。

· 多色组合挂毯　　　　　　　　· 多色组合纯棉抱枕

· 米黄色乳胶漆墙面　　　　　　· 宝蓝色植绒创意茶几

混搭风格

色彩反差大　具有冲击力的配色　选择一种风格的色彩做跳色

144 反差大的色彩

　　用色彩提亮家居空间，是混搭风格惯用的设计手法。其中，反差大的色彩可以在视觉上给人冲击力，也可以令混搭家居的配色层次更为丰富，例如可以选择低彩度的地面色彩，而打造高亮度的墙面。

·灰蓝色乳胶漆墙面　　　·黄色植绒布艺沙发

·黄色亮漆装饰柜　　　·蓝色乳胶漆墙面

·宝蓝色丝绒＋金属框架餐椅　　　·棕色亮漆饰面板

145 大面积色块做背景色

混搭风格大多强调视觉上的冲击力，因此会将一种色彩大面积运用，例如同时表现在顶面和墙面之中；或者同时体现在墙面和软装之中。由于一种色彩的大量使用，因此其他配色一定要与之形成色调差。

·蓝色乳胶漆墙面　　　　·几何花纹混纺地毯

·拼色装饰背景墙　　　　·蓝底花纹混纺地毯

酒红色乳胶漆墙面·　　　　·组合材质单人座椅·

·橘色花纹壁纸　　　　·组合材质茶几

146 用亮色做跳色

除了利用一种色彩对空间大面积铺陈之外，混搭风格也会选择一种亮色作为空间中的局部跳色，背景色则常选用无彩色中白色和灰色。此种配色方式可以塑造出个性而不过于刺激的空间环境，更适宜居住。

· 白色石膏板背景墙   湖蓝色丝绒单人座椅·

· 紫色乳胶漆墙面   · 宝蓝色擦漆中式座椅

· 文化石造型墙面   · 宝蓝色丝绒餐椅

· 灰蓝色组合材质单人椅   · 灰色棉麻布艺沙发

147 绚丽的色彩搭配

混搭风格一般由多种风格组成，因此色彩搭配上比较绚丽。在配色时，既可以选择全相型的配色方式，营造出开放的空间氛围；也可以利用三种以上的色彩，通过明度变化来丰富配色层次。

· 亮黄色桃花心木坐榻   · 仿古地砖

· 湖蓝色丝绒高背椅   · 玫瑰金组合吊灯

· 欧式大花地毯　　　　· 红色花鸟纹坐墩　　　　　· 中式坐榻　　　　· 欧式雕花尖腿单人座椅

柚木茶几·　　　绚丽色彩组合装饰画·　　　　· 蓝色菱形格壁纸　　　· 拼色混纺地毯

148 黑色 + 其他色彩

黑色是一种能够引起视觉冲击力的色彩，在混搭风格的居室中可以大量使用，若再同时搭配一种深浓色调，则更加凸显出风格的强烈个性。在具体设计时，可以将黑色运用在背景色和主角色之中，但此种配色形式适合面积较大的空间。

· 黑色擦漆开放式书架　　　· 酒红色丝绒布艺沙发

· 黑白几何图案混纺地毯　　　　　· 紫色丝绒欧式座椅　　　· 黑色擦漆整体橱柜　　　· 强化复合地板　　　· 绿色花纹釉面砖

149 中式风格主要配色 + 现代风格主要配色

中式风格与现代风格混搭十分常见，在配色设计时，可以将两种风格中的主要色彩糅合使用，例如运用无彩色中的白色和灰色体现现代感，而将中式风格中常用的木色表现在地面或家具之中。

· 灰色乳胶漆墙面　　　　　　· 强化复合地板

· 灰色擦漆整体橱柜　　　　　　· 原木色圈椅

150 中式风格主要配色 + 欧式风格主要配色

中式风格与欧式风格的混搭形式也十分常见，在配色时可将代表中式风格的木色运用到风格家具或者地面之中。而欧式风格的色彩选择范围较广泛，最适合表现在布艺、装饰品上。此种配色方式容易形成开放型的空间环境。

· 棕色柚木官帽椅　　· 欧式花纹雪尼尔窗帘

· 棕色柚木圈椅　　· 白色棉麻贵妃椅

· 紫色丝绒沙发　　· 强化复合地板

· 蓝底欧式大花混纺地毯　　· 花梨木明清座椅

· 混合材质沙发　　· 金色雕花装饰相框